AF361010

Paris, le 10 Juin 1839.

Monsieur le Président,

Voulant profiter de la facilité que Mr. le Ministre de l'Instruction publique a ouverte aux Compagnies savantes, à l'effet de correspondre entr'elles, sous le couvert de MM. les Préfets et Sous Préfets, la Société Philotechnique m'a chargé de vous adresser le dernier Compte-rendu de ses travaux, et de vous engager à lui envoyer les publications que ferait votre Académie ; elle attachera un grand prix à ces communications.

Je me félicite de trouver cette occasion de vous offrir, Monsieur le Président, les assurances d'une très haute considération.

Le Secrétaire perpétuel de la Société Philotechnique.

Rue St Lazare, 5.

COMPTE RENDU

DES TRAVAUX

DE LA

SOCIÉTÉ PHILOTECHNIQUE,

PAR LE BARON DE LADOUCETTE,

SECRÉTAIRE PERPÉTUEL.

Imprimé par ordre de la Société.

SÉANCE DU 26 MAI 1839.

PARIS.

JUIN 1839.

SOCIÉTÉ PHILOTECHNIQUE.

45ᵐᵉ Année.

SÉANCE PUBLIQUE DU 26 MAI 1839.

PRÉSIDENCE DE M. BERVILLE.

PROGRAMME.

LECTURES.

M. LE BARON DE LADOUCETTE, *Secrétaire perpétuel.* — Compte-rendu des Travaux de la Société.

M. GUERRIER DE DUMAST. — *Traduction en vers de deux Psaumes de David.*

M. RANDON DU THIL. — *Entrevue de Napoléon et de Joséphine,* fragment d'un poëme sur la campagne de Russie.

M. LE BARON ROGER. — *La Bienfaisance,* boutade en vers.

M. GAUTHIER. — *Observations sur les Monumens publics de notre époque.*

M. ÉDOUARD D'ANGLEMONT. — *L'Abbaye de Westminster,* pièce en vers.

M. ROUX DE ROCHELLE. — *Épître sur la Critique littéraire.*

M. FÉLIX D'ÉPAGNY. — *Le Docteur du Chien,* conte anecdotique.

M. BOUILLY. — *La Vengeance d'une vieille Femme,* anecdote.

M. VIENNET. — *Le Cerveau, le Cœur et la Langue.* / *Les Deux Chiens.* / *Le Carnaval des Animaux.* } Fables.

MUSIQUE.

1º *Solo de violoncelle,* composé par FRANCHOMME, exécuté par M. PILET.

2º *Air de l'Opéra du Mauvais OEil de Mlle L. Puget,* chanté par Mlle BAZIN.

3º *Introduction et Thème varié pour le violon,* composés et exécutés par M. DELOFFRE.

4º *Air* chanté par M. GENTIL.

5º *Fantaisie pour violon et violoncelle sur des motifs du Pirate,* composée et exécutée par MM. DELOFFRE et PILET.

6º *Grand air* chanté par M. PONCHARD.

7º *Duo du Mauvais OEil,* opéra de Mlle L. Puget, chanté par M. PONCHARD et Mlle BAZIN.

8º *Trio comique de Mozart,* chanté par MM. GENTIL, HAAS et ALBRECHT.

9º *Romances* chantées par M. PONCHARD.

Le Piano est tenu par Mme DARCOURT.

SOCIÉTÉ PHILOTECHNIQUE.

SÉANCE PUBLIQUE

DU 26 MAI 1839.

Messieurs,

L'industrie française étale en ce moment ses merveilles. Chaque jour, un public empressé applaudit aux progrès que depuis cinq ans elle a faits parmi nous : c'est là une nouvelle et forte preuve de l'heureuse influence qu'exercent sur les sciences et sur les arts ces expositions périodiques où l'étranger vient porter le tribut de son admiration. On parle de donner à cette institution moderne des développemens plus grands encore, de rassembler dans Paris les chefs-d'œuvre de l'industrie européenne, et de le proclamer ainsi la capitale de la civilisation. Si ce projet doit être réalisé, nous émettons le vœu de voir consacrer enfin aux productions matérielles de l'intelligence humaine un palais qui remplacerait avec avantage, pour nos peintres et nos sculpteurs, les galeries du Louvre, où d'ailleurs les pages immortelles des Rubens, des Van Dyck, des Vernet, des David, sont forcées de disparaître pendant une partie de l'année. Les solennités de la bienfaisance, celles des sociétés académiques, les réunions nationales elles-mêmes, y trouvant un asile assuré, ne seraient plus contraintes de solliciter une complaisante hospitalité.

Pour dresser les plans de ce vaste édifice, on pourra consulter avec fruit l'un des objets les plus remarquables de l'exposition, les *modèles des monumens antïques du midi de la France*; ils sont exécutés en liége par notre confrère, M. Pelet de Nismes, avec une telle exactitude que l'œil y retrouve jusqu'aux moindres outrages imprimés par le temps.

Lui-même, dans les galeries des Champs-Élysées, a réuni notre Société autour de ces images fidèles, afin de lui donner des explications neuves et du plus grand prix pour l'artiste et pour l'archéologue. La place de cette collection, unique en son genre, est marquée à l'École des beaux-arts. M. Pelet se propose de reproduire ainsi les restes imposans des constructions helléniques et romaines qui ornent encore le sol de la Grèce, de l'Italie et de la France.

Tandis qu'il se voue avec zèle à cette noble mission, plusieurs de nos confrères soutiennent dignement la renommée de l'architecture moderne. M. Debret termine son habile restauration de la basilique de Saint-Denis; M. Gauthier, à qui nous devons le magnifique recueil des *monumens de Génes*, qui déjà vous a soumis dans une de nos séances des vues piquantes sur la disposition des églises, et qui maintenant embellit la ville de

Troyes de deux édifices publics, va dans cette réunion, Messieurs, examiner pourquoi le caractère de ceux que nous élevons ne se trouve presque jamais en rapport avec leur destination. C'est un chapitre à ajouter au *Génie de l'architecture*, dont M. Coussin a révélé les secrets dans un savant ouvrage.

La sculpture est fille de l'architecture, elle a la peinture pour sœur. Nous avons reçu de M. Romagnesi aîné la treizième livraison de son *Recueil d'ornemens*, dont les dessins et l'exécution lithographique commandent également l'attention.

Le réveil d'Adam ou *la première inspiration de l'amour* : tel est le sujet choisi par M. Ansiaux avec le goût et le sentiment qui signalent les productions de ce peintre distingué. Parmi elles on comptera le tableau représentant *Saint-Vincent de Paul*, terminé depuis l'ouverture du salon.

M. Bertin a peint, d'après la description de Pausanias, une *Vue du mont Piéria en Macédoine et de la ville de Dion*. Enrichie par de belles lignes et par une parfaite disposition des plans, cette œuvre se fait remarquer par le coloris et la touche, que l'on peut appeler historiques.

Les tableaux de genre de M. Duval-Lecamus réunissent à la composition la plus naturelle une adresse de pinceau, une finesse de ton qui rappellent le mérite de Téniers. Ces qualités

se rencontrent également dans les petits por-
traits en pied, auxquels M. Duval-Lecamus
sait donner la plus parfaite ressemblance.

Composition charmante, dessin pur et gra-
cieux, entente parfaite de l'harmonie pittores-
que, exécution brillante et facile, voilà ce
que chacun de vous, Messieurs, aura reconnu
dans le tableau de *la Esméralda* par M. Steu-
ben. La foule qui s'est constamment portée
devant cette belle page nous dispense d'en
faire la description, comme la modestie de
l'auteur nous aurait défendu d'en faire l'éloge.

Si plusieurs de nos peintres ont privé de
leurs ouvrages l'exposition de cette année, ils
n'ont pas pour cela mérité le reproche d'inac-
tion. M. Redouté, dont le pinceau ne connait
point d'hiver, n'a pu achever pour l'époque
rigoureusement désignée un très grand mor-
ceau où il a marié habilement les plus belles
fleurs aux plus beaux fruits. Notre aimable
confrère, ne voulant pas que la Société Philotechnique fût punie de ce retard, nous a ou-
vert son atelier.

« Deux grandes entreprises, nous écrit
M. Couder, me justifient de n'être point cette
année descendu dans l'arène, pour y soutenir,
entr'autres points d'honneur, celui de la Société Philotechnique, à laquelle je me glorifie
d'appartenir. » En effet, dans un tableau im-
mense de travail, et commandé par le roi pour
son musée de Versailles, il représente l'*Ouver-*

ture des Etats-Généraux en 1789; de plus, il consacre l'été à une grande peinture à l'encaustique dans une des six archivoltes de l'église de la Madeleine.

Chargé d'exécuter la *statue du colonel Combes*, dont la vie généreuse a fini glorieusement devant Constantine, et dont la ville de Feurs attend l'image avec impatience, M. Foyatier s'est acquitté de cette tâche avec le faire noble et sévère auquel nous devons *Spartacus*, *Cincinnatus*, et d'autres grandes productions. Cet ouvrage, qui doit paraître en bronze, était soumis à l'opération de la fonte au moment où l'on s'apprêtait à l'admirer au Louvre.

M. David (d'Angers) a exposé une statue de grandeur naturelle, consacrée à la mémoire de *Joseph Barra*, jeune tambour, tué dans les premières guerres de la Vendée. La vérité et l'énergie de la pose, la mâle expression des traits caractérisent bien ce héros-enfant, qui s'éteignit en pressant sur son sein les couleurs de la patrie. Le salon a reçu encore de M. David les *bustes en marbre* de MM. Arago, de La Mennais, de Tracy, de mademoiselle Mars et de l'abbé Grégoire. Ce dernier surtout nous semble un chef-d'œuvre : jamais peut-être le marbre n'avait mieux imité la chair, n'avait mieux exprimé la vie. Tant de travaux n'ont pas permis à M. David de mettre la dernière main à la notice qu'il nous avait promise sur la haute destination des arts et qu'il devait lire dans cette séance.

Le vif plaisir que nous éprouvons à voir ainsi nos artistes parcourir une double carrière a été renouvelé par les réflexions de M. Desains *sur l'état des beaux-arts* et par sa *notice sur la restauration d'un tableau d'Érasme Quellinus*, peintre, dont la Hollande s'honorait au dix-septième siècle.

Le voyage de M. Ramon de la Sagra dans ce royaume et dans la Belgique a paru en deux volumes. Il y passe en revue l'état de l'instruction primaire, des établissemens de bienfaisance et des prisons. « La patrie, dit cet auteur, est une mère! on l'aime d'instinct dans l'enfance ; on l'idolâtre dans la jeunesse, alors surtout qu'elle est accablée sous le poids du malheur.... » Plus bas il ajoute : « L'étude des moyens employés dans les autres pays pour améliorer la condition du peuple, pour l'instruire et l'éclairer, me parut être le mode le plus sûr d'amasser des notions utiles, afin de les appliquer à l'Espagne lorsque les circonstances le permettront. » Vous n'ignorez pas, Messieurs, que notre confrère est député aux cortès de ce pays, dont chaque Français voudrait voir enfin terminer les désastres. Au moment de retourner à Madrid, il vient de recevoir du roi de Hollande, comme gage de satisfaction, une bague enrichie de diamans.

Un de nos membres, ancien ministre de Por-

tugal, M. le vicomte de Santarem, a successi-
vement livré à la publicité une *dissertation sur
la ville de Misobriga*, située en Lusitanie, au
pays des *Celtici* de Pline; et notamment sur
une médaille unique trouvée dans les rui-
nes de cette cité; — un *mémoire concernant
les connaissances scientifiques de don Juan
de Castro*, qui, dans le seizième siècle, a
le premier appliqué les observations mathé-
mathiques à la description de la mer Rouge;
— la biographie d'Améric Vespuce; celle de
Vasco de Gama, dont jusqu'à présent on avait
ignoré les études et les services antérieurs à
son expédition autour de l'Afrique; — enfin
d'autres biographies, et particulièrement celle
de Ferreira, surnommé l'Horace portugais,
auteur d'une comédie de caractère, la première en date parmi les modernes.

Des ouvrages de ce genre ont aussi occupé
quelques-uns de nos collègues. Ainsi la vie de
Fontanes a été retracée par MM. Creuzé de
Lesser, Bignan et Vieillard. Celui-ci a composé
des articles sur Camille Desmoulins et Fouché,
duc d'Otrante; M. de Montrol, sur Fouquier
Tinville; M. de Reiffenberg, sur Charles-Quint;
M. Matter, sur Walpole; et, pour nous dis-
traire de ces sujets sérieux, M. François nous
a redit la riante existence d'Anacréon, du vieillard dont l'immortalité se couronnait de roses.

Les brûlantes élégies de Sapho ont eu un
interprète dans M. Veyssier-Descombes; les

églogues de Virgile ont été traduites par M. de
Larochefoucauld-Liancourt ; et la lyre d'Horace
a trouvé un écho dans celle de M. Albert-
Montémont.

.M. le prince de Salm a fait hommage à la
Société d'un Traité qu'il publie sur les aloës et
les mésembryanthèmes. Cet ouvrage est enrichi
d'un grand nombre de belles figures dessinées
par lui dans les serres magnifiques de son châ-
teau de Dyck. La variété des espèces et les développemens instructifs qui les accompagnent,
font de cette publication une monographie com-
plète des aloës. On sait que cette plante occupe
le premier rang parmi les plantes succulentes
et grasses, et qu'elle doit l'attention curieuse
qu'elle excite, soit à son aspect, soit aux vernis
et aux belles couleurs que fournit son suc, ap-
pelé *sucrotin*, soit à la fécule savoureuse qu'on
extrait de ses feuilles, soit encore à la prépara-
tion tonique qu'on peut en extraire, et qui fut
préconisée, dès le quinzième siècle, par le
prince des alchimistes, Paracelse, sous le nom
d'*Elixir de longue vie*.

Le Roi des Français a pris pour ses biblio-
thèques particulières plusieurs exemplaires de
l'ouvrage de M. le prince de Salm, qui se place
dignement à côté des publications de MM. de
Humboldt, Kuntz et de Candolle.

La géographie n'a point été négligée par notre compagnie : on doit à M. Perrot deux car-
tes de la France sous les rapports de la justice

et de l'industrie, et celle de l'administration et des établissemens de la ville de Paris.

M. Dufau est sur le point de publier un *traité de statistique*, ouvrage sans analogue jusqu'à ce jour, qui lui a coûté deux ans de travaux, et dans lequel il a essayé de ramener au caractère positif cette science, si incertaine encore dans sa marche.

Un hommage rendu à la mémoire de Mme la duchesse d'Abrantès par M. de Roosmalen nous a valu un rapport dans lequel M. le lieutenant-général Thiébault, avec une effusion éloquente, a placé, indépendamment de l'analyse, quelques faits intéressans et relatifs à la vie et aux ouvrages de cette femme célèbre dont il était l'ami.

Lors de notre dernière séance, Messieurs, nous vous disions que M. Morse avait demandé à la Société Philotechnique une commission pour examiner son appareil télégraphique. M. Daguerre ayant exprimé le même vœu pour sa belle invention, antérieure et préférable à celles dont se vantent l'Angleterre et l'Allemagne, un rapport nous a été fait sur le *Daguerréotype*, où, par un procédé sûr et facile, la nature vient se peindre elle-même dans ses plus minutieux détails.

M. Colombat (de l'Isère) nous a fait écouter avec intérêt un *Mémoire sur l'origine psychologique et physiologique du son articulé*, et un drame intitulé le *comte Albert ou l'Anniversaire*. Il continue la publication de son grand

Dictionnaire historique et iconographique de la chirurgie, orné de quinze cents dessins, et il va faire paraître, sous peu de jours, la troisième édition de son *Traité du bégaiement et de tous les autres vices de la parole*. Cet ouvrage, traduit en plusieurs langues, a mérité à son auteur un prix Montyon de 5,000 fr., décerné par l'Académie des sciences.

L'utilité qu'on pourrait tirer de l'étude des anciens écrivains français a fourni à M. Théodore Lorin le sujet d'une brochure que nous regardons comme la promesse d'un ouvrage plus complet sur cette matière intéressante. Un *choix de poésies* par le même écrivain voit en ce moment le jour.

M. Mollevaut nous a offert un recueil de *soixante fables en quatrains* : elles ont entre autres avantages celui d'une extrême précision.

Plusieurs apologues nous ont été lus par M. Viennet, ainsi qu'un épisode de son poème inédit de *Fernand Cortez*. Vous avez favorablement accueilli, Messieurs, sa comédie des *Sermens* au Théâtre-Français.

La *Madone*, drame en quatre actes, par M. Léon Halévy, est joué chaque soir à la Porte-Saint-Martin.

L'acte que M. Vieillard nous a fait connaître de sa tragédie des *Lombards* nous a portés à en désirer la représentation.

M. Édouard d'Anglemont a donné un roman ayant pour titre le *Prédestiné*. Nous aurons bientôt de lui deux volumes de poésies : les *Amours de France* et les *Euménides*. Le tableau du théâtre et de l'art dramatique, en Pologne, est un nouvel ouvrage de M. Charles Forster.

M. Guerrier de Dumast a mis en vers français le langage sublime du roi-prophète. Il a écrit en outre un poème sur les *Livres Saints*; et M. Roux-Ferrand a envoyé la seconde édition de ses *Lettres sur le Gard*, où l'esprit et le savoir, l'agréable et l'utile se montrent heureusement combinés.

Nous avons reçu divers ouvrages de trois de nos correspondans, MM. de Labouïsse, Pierquin de Gembloux et Pigault de Maubaillarcq. Ce dernier est frère de notre Pigault-Lebrun, dont les joyeux romans ont eu le rare privilége d'obtenir dans le secret du boudoir une célébrité plus vraie que la célébrité retentissante d'un grand nombre de productions contemporaines.

Cet écrivain, tantôt malin, tantôt bonhomme, toujours spirituel, possédait des connaissances scientifiques, aussi étendues que variées, et se trouvait uni d'amitié avec un savant que nous n'avons plus la satisfaction de posséder parmi nous.

Né à Aix en Provence, le 20 août 1775, Emeric David perdit son père dès la plus tendre enfance, et dut à l'affection bienfaisante de ses oncles, MM. David, imprimeurs, une éducation savante et littéraire.

L'étude du droit attira dans Paris le jeune Emeric, qui, après avoir longtemps parcouru l'Italie et interrogé ses grands souvenirs, vint exercer dans sa ville natale la noble profession d'avocat. Nommé officier municipal en 1789, et maire en 1791, il maintint l'ordre à Aix, au péril de ses jours, et fut poursuivi dans le temps de la terreur. En 1809, on l'élut membre du Corps-Législatif; et en 1815 il figurait dans la Chambre des députés. Plusieurs discours offrirent la preuve de son éloquence et furent de nouveaux gages de son patriotisme. Comme un grand nombre de littérateurs distingués, il était membre de la Société Philotechnique, avant d'entrer à l'Institut de France. En 1812, la première de ces compagnies avait couronné son éloge manuscrit du Poussin, de ce Corneille de la peinture, dont la statue ne figure point encore sur une place des Andelys, pour lesquels sa naissance est un titre de gloire. Et puisque le prix obtenu par Emeric David a réveillé en nous le souvenir des premiers temps de notre Société, nous ne pouvons nous empêcher, Messieurs, de témoigner ici le regret de l'avoir vue perdre l'utile usage des récompenses publiques. Emeric David avait aussi obtenu le prix de l'Institut pour son *Mémoire sur les causes de la perfection de la sculpture antique et sur les moyens d'y atteindre.* L'Académie des inscriptions et belles-lettres lui ouvrit ses portes en 1816. Ses ouvrages sont trop

nombreux (1) pour que nous entreprenions
d'en redire ici les titres : plusieurs ont été cités
et analysés dans nos comptes-rendus. Tous ren-
ferment la preuve de cette facilité de travail et de
style qui devenait chez lui facilité d'élocution.
Ces brillantes qualités se rehaussaient par une
affabilité inaltérable : la Société Philotechnique
gardera constamment, au vénérable octogé-
naire qu'elle vient de perdre, un souvenir de
vive affection et de profonde estime.

Permettez, Messieurs, qu'en terminant ce

(1) *Recherches sur la répartition des contributions foncière
et mobilière faite au conseil-général de la commune d'Aix,
le 12 novembre 1791 :* ouvrage où sont établis les points prin-
cipaux de la statistique du département des Bouches-du-Rhône.
— *Musée olympique de l'école vivante des Beaux-Arts.* —
*Recherches sur l'art statuaire ou mémoire sur cette ques-
tion, proposée par l'Institut :* quelles ont été les causes de la
perfection de la sculpture antique et quels seraient les moyens
d'y atteindre? ouvrage couronné par l'Institut, le 15 vendé-
miaire, an 9. — Le texte du Musée français de M. Robillard Pe-
ronville, qui contient notamment: *Essais sur le classement chro-
nologique des sculpteurs grecs les plus célèbres.* — *Discours
historique sur la gravure en taille-douce et sur la gravure en
bois.* — *Discours historique sur la peinture moderne, renfer-
mant l'histoire de ces arts depuis Constantin jusqu'au com-
mencement du XIIIe siècle.* M. Emeric David est auteur en outre d'un *Eloge du Puget,* couronné par l'Académie de Mar-
seille, an 7 (inédit). — *Un éloge du Poussin.* — Après son
admission à l'Institut, il a fait paraître: *Introduction à l'étude
de la Mythologie.* — *Recherches sur Jupiter.* — *Recherches sur
Vulcain.* — *Recherches sur Neptune* (sous presse). — *Un Mémoire sur Phidias.* — *Un Mémoire sur l'architecture dite
gothique* (s'imprime à Caen). — Comme membre de la commission de l'Institut, qui continue l'histoire littéraire de la
France, commencée par les Bénédictins, de nombreuses no-
tices sur la vie et les ouvrages des troubadours et des poètes
méridionaux. Il a donné quantité d'articles à la *Biographie Uni-
verselle,* parmi lesquels on remarque : *Van Dyck, Finiguera,
Gioia, Giocando, Jean Juste, Pinaigrier,* etc.

compte-rendu , nous vous disions quelques mots des distinctions dont plusieurs membres de notre compagnie ont été l'objet.

Les huit députés qui lui appartiennent ont dû à la confiance de leurs commettans le renouvellement de leur mandat. M. Roux-Ferrand remplit au Vigan les fonctions de sous-préfet; M. Couder est entré dans les rangs de l'Académie des beaux-arts; et l'étoile de la Légion-d'Honneur brille sur la poitrine de MM. Boucharlat, Charles Malo, et Villenave dont les vers sublimes ont, à plusieurs reprises, excité d'unanimes transports dans notre dernière solennité.

Si nous prenons plaisir à vous faire connaître ces particularités, Messieurs, gardez-vous de croire que nous soyons guidés par une frivole ostentation. Une pensée plus noble a dicté nos paroles. Les témoignages de bienveillance dont vous nous comblez sont devenus pour nous comme un titre incontesté à l'estime publique et à celle du gouvernement. Ainsi, en vous révélant ce que nous avons obtenu de l'une et de l'autre, c'est vous dire, Messieurs, ce que vous avez fait, c'est vous offrir un témoignage éclatant de notre reconnaissance.

BARON DE LADOUCETTE,

secrétaire perpétuel.

IMPRIMERIE DE FÉLIX MALTESTE ET Cie,
RUE DES DEUX-PORTES-SAINT-SAUVEUR, N° 18.